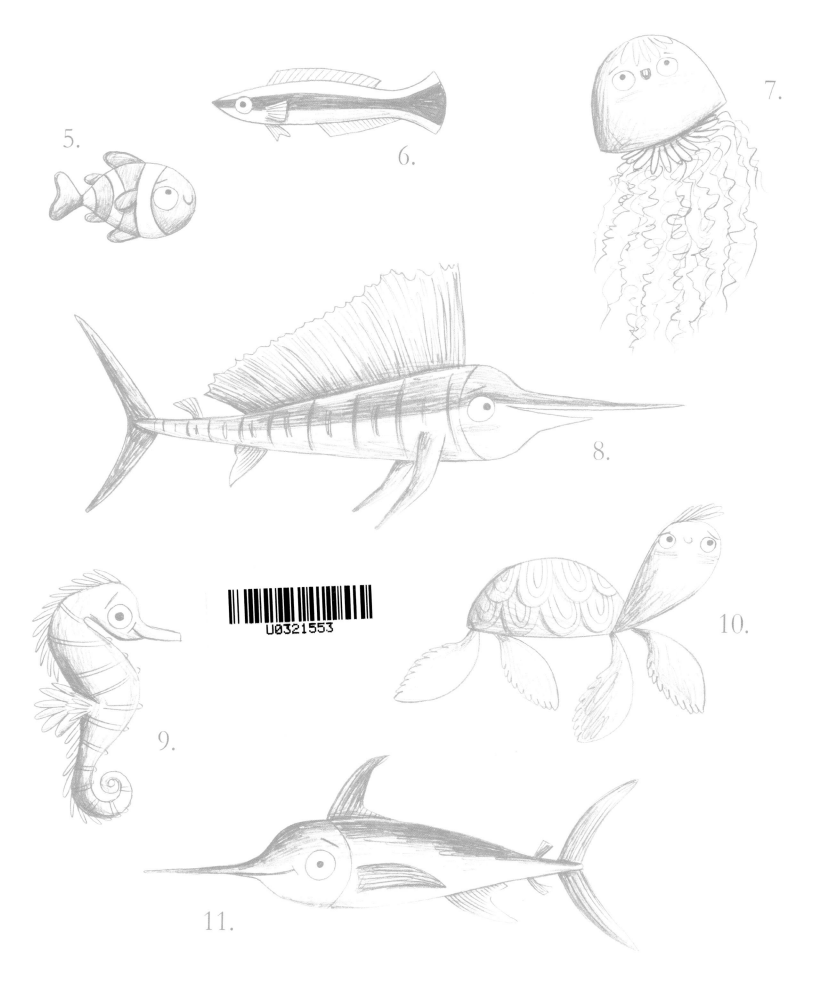

5.

6.

7.

8.

9.

10.

11.

U0321553

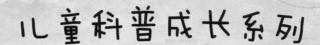

儿童科普成长系列

海洋里的小秘密

[波兰]安娜·索比其·卡米斯卡/文

[波兰]莫妮卡·菲莉皮娜/图

译郭达/译

现代教育出版社
Modern Education Press

"嗨，你们好！"小·水手举着望远镜，看着天上的海鸥大声喊道。

白云、蓝天和喧闹的海鸥——眼前的一切都让小·水手兴趣盎然。

但他不知道，就在他的船下，在茫茫大海的深处，还有很多有趣的东西……

据说，海洋里隐藏着许多的秘密，这话一点儿也不假！

而小·海龟想知道海洋里所有的秘密。

它的小脑袋里有着好多好多的问题：

小海龟对这个世界充满好奇，于是……

它告别了它的兄弟姐妹，踏上了前往未知世界的旅程。

这位就是章鱼女士了！我想我该数一数它有多少只手。

小·海龟思索着。

是八条手臂。小·海龟仔细数了数。

"请问你们在做什么？"小·海龟问章鱼女士和鲀鱼女士。

"我们在观察浮游生物呢!"章鱼女士解释道,"通过显微镜,你可以观察到海洋里最小·的生物哦。"

"它们可比鲸鱼要小·得多呢!"鲀鱼女士笑着说道。

"那，鲸鱼是什么样子的啊？"小·海龟接着问道。

特别大！！

"鲸鱼可是海洋里最大的生物哦！"章鱼女士一边解释，
一边使劲儿地把自己的手臂伸开，给小·海龟比画着。

突然，它们之间的对话被一阵巨大的噪声打断了。

"很抱歉，我一害怕就会把刺竖起来！"鲀鱼女士解释道。

"如果你能够记得按时刷牙，你的牙就不会疼了！"
鱼牙医正在训斥它的病人。
"可是……可是我的牙齿太多了，刷一次牙就要
三个小时呢！"鲨鱼先生解释道。

小海龟向鲨鱼先生的嘴里看了看……

"一、二、三……" 小海龟开始仔细地数起来。

可没过一会儿，小海龟就停下了。

鲨鱼先生的牙齿实在太多了，有好几排呢。

"根本不可能数清楚的！"

小海龟已经知道了许多它想知道的海洋的秘密。
"我想,我该回去和我的兄弟姐妹们讲讲这些秘密了……
另外,我也想它们了,我该回家了!"

"要小心海蜇哦，它会蜇人的！"鲀鱼女士提醒小·海龟道。
"还要小心海葵，你和小·丑鱼不一样，身上没有黏液保护。"
章鱼女士补充道。

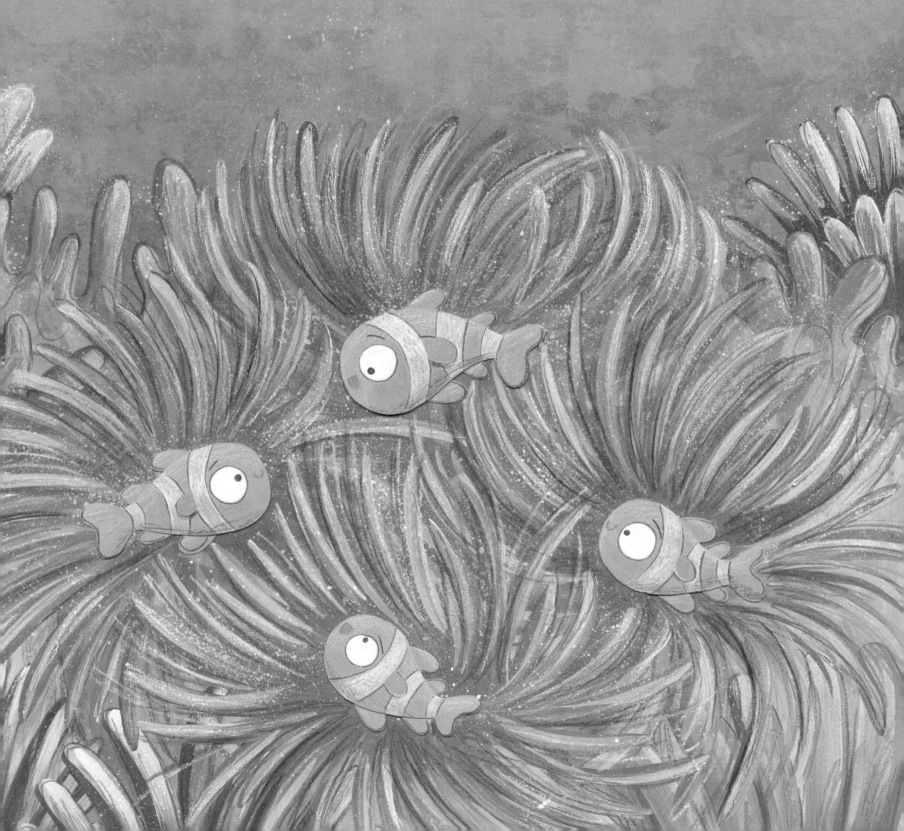

出发！ 快点儿！！

小海龟听到这些奇怪的声音，好奇地向四周望了望……

原来是一群小螃蟹正在观看一场水中比赛呢。

"天啊，旗鱼女士又赢了！"一只小螃蟹高声喊道。

"这并不奇怪，要知道旗鱼可是世界上游得最快的鱼。"
小·螃蟹的朋友解释道。

比赛结束了，小海龟也该回家了。它继续向前游，遇到了一群银色的沙丁鱼。
"为什么你们总是一起行动呢？"小海龟好奇地问道。

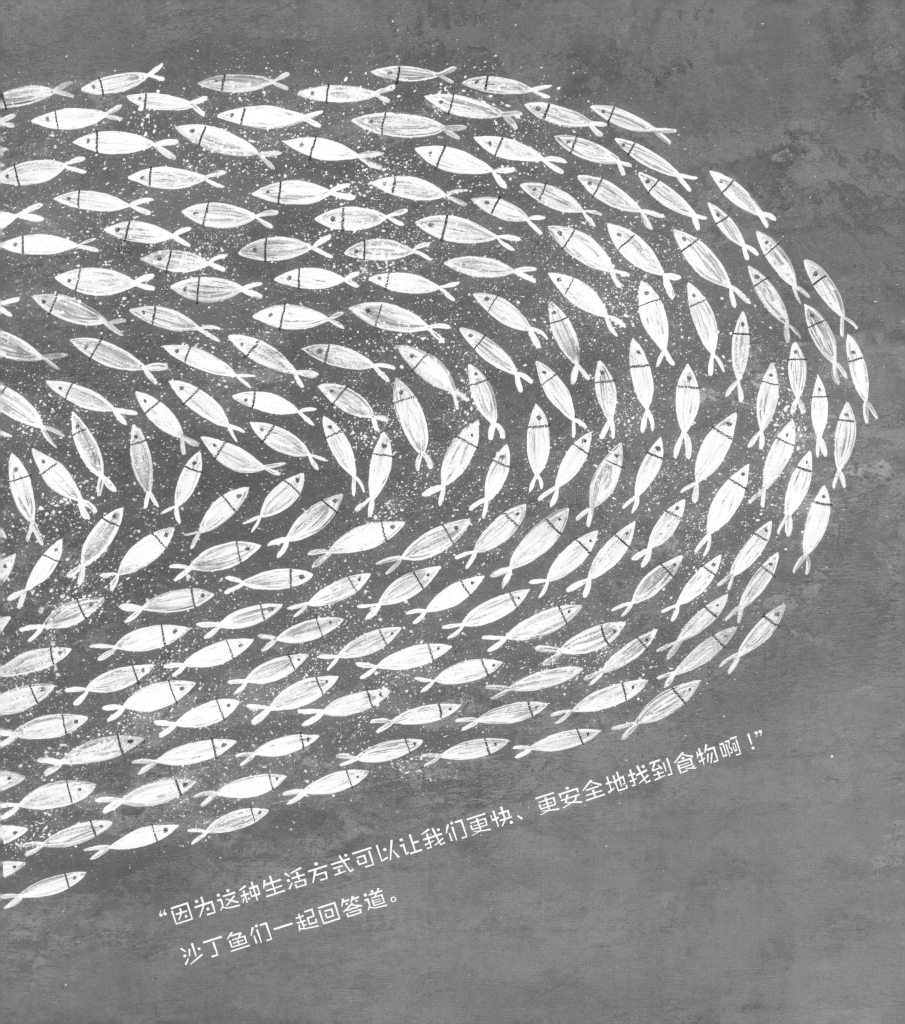

"因为这种生活方式可以让我们更快、更安全地找到食物啊！"

沙丁鱼们一起回答道。

小海龟终于回到了家，它开心极了。

它一个接一个地拥抱了自己的兄弟姐妹，
向它们讲述着自己发现的海洋里的秘密。

著作权合同登记号 图字：01-2019-2838

图书在版编目(CIP)数据

海洋里的小秘密 /（波）安娜·索比其·卡米斯卡文；
（波）莫妮卡·菲莉皮娜图；译邦达译 . — 北京：现代
教育出版社，2019.10（2024.1 重印）
（儿童科普成长系列）
ISBN 978-7-5106-7482-2

1.①海… Ⅱ.①安…②莫….③译…. Ⅲ.①海洋 –
儿童读物Ⅳ.① P7-49

中国版本图书馆 CIP 数据核字（2019）第 208341 号

儿童科普成长系列　海洋里的小秘密

作　　者　〔波兰〕安娜·索比其·卡米斯卡
绘　　者　〔波兰〕莫妮卡·菲莉皮娜
翻　　译　译邦达
出版发行　现代教育出版社
地　　址　北京市东城区鼓楼外大街 26 号荣宝大厦三层
邮　　编　100120
电　　话　（010）64251036（编辑部）　　（010）64256130（发行部）
出 品 人　陈　琦
选题策划　王春霞
责任编辑　魏　星
印　　刷　北京盛通印刷股份有限公司
开　　本　889 mm×1194 mm　1/12
印　　张　3
字　　数　20 千字
版　　次　2019 年 10 月第 1 版
印　　次　2024 年 1 月第 4 次印刷
书　　号　ISBN 978-7-5106-7482-2
定　　价　42.00 元